Edda Kloos

Kinderleichtes Weihnachtsbasteln mit Papier

ENGLISCH VERLAG

Die Deutsche Bibliothek – CIP-Einheitsaufnahme
Kinderleichtes Weihnachtsbasteln mit Papier / Edda Kloos. –
Wiesbaden: Englisch, 1997
ISBN 3-8241-0776-7

ISBN 3-8241-0776-7

Printed in Spain

Die Ratschläge in diesem Buch sind von Autorin und Verlag sorgfältig erwogen und geprüft, dennoch kann eine Garantie nicht übernommen werden. Eine Haftung der Autorin bzw. des Verlages und seiner Beauftragten für Personen-, Sach- und Vermögensschäden ist ausgeschlossen. Eine gewerbliche Nutzung der Vorlagen und Abbildungen ist verboten und nur mit ausdrücklicher Genehmigung des Verlages gestattet.

Inhaltsverzeichnis

Vorwort

Die Weihnachtszeit ist mit Sicherheit die schönste Zeit für Kinder. Nicht nur, dass sie ungeduldig auf die Überraschungen unterm Weihnachtsbaum warten, jetzt können sie auch nach Lust und Laune mit Schere und Klebstoff selbst kleine Geschenke und Dekorationen basteln.

Zum Basteln brauchen Sie nur Papier und ein paar preiswerte Materialien wie Bindfaden, Watte oder Wäscheklammern, die Sie sicherlich immer im Haus haben. Fotokarton oder Tonpapier bekommt man recht preisgünstig im Hobbyfachhandel.

Ich habe sehr einfache Motive gewählt, die leicht auszuschneiden, zu falten und zu kleben sind, sodass auch kleinere Kinder schon mitbasteln können.

Beim Nacharbeiten wünsche ich Ihnen und Ihren Kindern viel Spaß!

Edda Kloos

Material und Werkzeug

Zum Basteln brauchen Sie folgende Werkzeuge und Materialien:

- Bleistift und/oder Kugelschreiber
- Klebstoff
- Schere oder Cutter (mit einem Cutter lassen sich vor allem die Innenkonturen sauberer ausschneiden)
- Lochzange oder eine dicke Nadel
- Pauspapier
- weißen Fotokarton (für die Schablonen)
- farbigen Fotokarton, Tonpapier oder Wellpappe

Die Materialien, die zusätzlich für die einzelnen Motive benötigt werden, sind jeweils in den Anleitungen genau bezeichnet.

Übertragen der Vorlagen

Zum Übertragen der Motive sollten Sie sich Schablonen anfertigen. Zeichnen Sie zuerst mit Pauspapier die Vorlage vom Vorlagebogen ab und legen Sie das Pauspapier auf den weißen Fotokarton.

Nun werden die Linien mit einem spitzen Bleistift oder Kugelschreiber nachgezogen, so dass sich auf dem Karton Rillen abzeichnen.

Anschließend können die Schablonen ausgeschnitten werden.

Legen Sie nun die Schablone auf den farbigen Fotokarton, zeichnen Sie die Umrisse nach und schneiden Sie schließlich das Motiv aus.

Wenn Sie Ihr Motiv auf Wellpappe übertragen wollen, sollten Sie die Schablone auf die glatte Rückseite der Wellpappe legen und dort den Umriss der Schablone nachfahren.

Fensterbilder

1. Fenstersterne in Rot und Weiß

Material
- Fotokarton in Rot und Weiß
- Bleistift
- Schere oder Cutter
- Klebstoff

Diese Sterne hat man ganz schnell gebastelt. Legen Sie die Schablonen auf weißen und roten Fotokarton, fahren Sie die Umrisse mit Bleistift nach und schneiden Sie die Sterne aus. Zuletzt werden sie übereinander geklebt. Sie können die Sterne entweder an einen Faden hängen oder direkt mit Klebestreifen am Fenster befestigen.

2. Bunte Engel

Material
- ✷-Regenbogen-Fotokarton
- ✷-Bleistift
- ✷-Schere
- ✷-Klebstoff

Schneiden Sie den Engelskörper und das Flügelpaar aus und kleben Sie beides zusammen.

Die Engel können Sie entweder an einem Bindfaden aufhängen oder mit Klebestreifen direkt auf der Fensterscheibe befestigen.

Körbchen und Laternen

3. Tannenkörbchen

Material
- Fotokarton in Weiß und Grün
- selbstklebende Goldsternchen
- Bleistift
- Schere und Cutter
- Klebstoff

Das Körbchen wird aus weißem Fotokarton ausgeschnitten, die gestrichelten Linien werden mit dem Cutter leicht angeritzt, anschließend wird das Körbchen gefaltet und zusammengeklebt.

An zwei gegenüberliegenden Seiten werden die Tannen bzw. die Enden des Bügels (3 x 36 cm) aufgeklebt. Zuletzt können Sie das Körbchen mit Goldsternen verzieren.

4. Schneemannkörbchen

Material
- Fotokarton in Weiß, Schwarz und Rot
- Bleistift
- Schere und Cutter
- Klebstoff
- schwarzer Filzstift

Das Körbchen wird aus rotem Fotokarton ausgeschnitten. Die gestrichelten Linien werden angeritzt, umgeknickt und das Körbchen zusammengeklebt. Den beiden Schneemännern werden Hüte und Nasen angeklebt und Augen, Mund und Knöpfe mit Filzstift aufgemalt. Zuletzt werden die Schneemänner am Körbchen befestigt.

5. Weihnachtsmann

Material
- Fotokarton in Rot und Weiß
- Watte oder Stopfwatte
- Wackelaugen
- Bleistift
- Schere und Cutter
- Klebstoff
- Lochzange oder dicke Stopfnadel
- Bindfaden

Schneiden Sie den Weihnachtsmann und die Brusttasche aus und ritzen Sie den Karton an der gestrichelten Linie leicht an. Die schmalen Streifen der Brusttasche werden umgeknickt und an den Weihnachtsmannkörper geklebt. Auf das weiße Gesicht werden die Nase, die Augen (können auch aufgemalt werden) und die Watte geklebt. Zuletzt wird mit der Lochzange ein Loch gebohrt.

6. Tischlaterne

Material
- ✶Fotokarton in Weiß
- ✶selbstklebende Goldsternchen
- ✶Bleistift
- ✶Schere und Cutter
- ✶Klebstoff

Schneiden Sie die Seitenteile viermal aus, trennen Sie die Tannenbäume mit einem Cutter heraus und verzieren Sie die Laternenteile mit Goldsternchen. Jedes Seitenteil wird rechts entlang der gestrichelten Linie angeritzt und umgeknickt. Anschließend wird die Tischlaterne zusammengeklebt.

Tipp:
Sie können Ihre Tischlaterne vor dem Zusammenkleben auch mit farbigem Transparentpapier hinterkleben, damit sie bunt leuchtet.

Tischdekorationen

7. Tischkerzen

Material

- Fotokarton in Weiß, Rot und Gelb
- Bleistift
- Schere und Cutter
- Klebstoff

Legen Sie die Schablonen auf den Fotokarton und schneiden Sie den sternförmigen Kerzenhalter sowie die Flamme einmal, die Kerze zweimal aus. Mit einem Cutter werden zwei 4 cm lange Schnitte in den Kerzenhalter eingeritzt. Die beiden roten Kerzenteile werden an der gestrichelten Linie leicht angeritzt und anschließend geknickt. Die abgeknickten Enden der Kerzen werden in die beiden Schlitze des Kerzenhalters gesteckt und an der Unterseite angeklebt. Zwischen die beiden Enden der Kerzenteile wird schließlich die Flamme geklebt.

8. Kerzenhalter-Stern

Material
- Fotokarton in Rot und Gelb
- Bleistift, Lineal
- Schere und Cutter
- Klebstoff

Schneiden Sie aus der Sternschablone das achteckige Mittelteil (gestrichelte Linie) mit dem Cutter heraus und übertragen Sie den Stern auf roten Fotokarton. Um das Mittelteil auf den roten Karton übertragen zu können, müssen Sie mit einem Bleistift und Lineal jeweils zwei einander gegenüberliegende Ecken des Mittelteils verbinden. Schneiden Sie nun mit dem Cutter diese Linien nach und ritzen Sie die gestrichelte Linie leicht an, sodass Sie die Sternmitte nach oben drücken können. Zuletzt werden auf die Sternzacken die gelben Vierecke geklebt. Die Kerze lässt sich mit einem Wachstropfen fixieren.

9. Weihnachtskarten für den Tisch

Material
- Fotokarton in Weiß, Gelb, Rot, Grün und Schwarz
- weißes Papier
- Bleistift
- Schere oder Cutter
- Klebstoff

Den Tannenbaum, die Kerze und den Schneemann können Sie als Weihnachtskarte oder als Tischdekoration verwenden. Für alle Teile, die Sie ausschneiden, sollten Sie den Karton einmal in der Mitte falten, bevor Sie die Schablone auflegen. Das große Rechteck um Schneemann, Baum und Kerze zeigt Ihnen, wie groß der Karton sein muss. Die halben Schablonen werden direkt an der Faltlinie angelegt und der Umriss nachgezeichnet und ausgeschnitten. Anschließend werden Hut, Mund, Nase und Knöpfe auf den zusammengeklappten Schneemann geklebt (wenn die Teile auf den aufgeklappten Schneemann geklebt werden, lässt er sich nicht mehr zuklappen), ebenso verfahren Sie bei der Kerze.

Tipp:
Wenn Sie eine Karte basteln wollen, sollten Sie Ihren Gruß zuerst auf ein etwas kleineres Stück Papier schreiben und dies anschließend einkleben.

10. Schnee-bedeckte Häuser

Material

- Fotokarton in Weiß, Gelb, Rot, Lila, Hellblau, Dunkelblau, Hellgrün und Dunkelgrün
- Watte
- Bleistift
- Schere oder Cutter
- Klebstoff

Schneiden Sie die Hauswand (Teil A) aus farbigem Fotokarton und das Dach (Teil B) aus weißem Fotokarton aus. Ritzen Sie entlang der gestrichelten Linie den Karton etwas ein und knicken Sie das Dach und die Wand, sodass das Haus steht. Nun wird das Dach auf der Hauswand befestigt und mit Watte versehen.
Tür sowie Fenster werden aufgeklebt.

11. Kartonengel

Material
- Fotokarton in Gelb
- Bleistift
- Schere und Cutter
- Klebstoff

Übertragen Sie die beiden Schablonen auf gelben Fotokarton und schneiden Sie die Teile aus. Ritzen Sie die Engelteile an den gestrichelten Linien mit einem Cutter und knicken Sie den Kopf und die Arme bzw. die Flügel leicht nach hinten. Anschließend werden die Engel an den Köpfen zusammengeklebt.

Wenn Sie wollen, können Sie noch Gesichter aufmalen oder -kleben.

12. Tannenbäume

Material
- Fotokarton oder Tonpapier in Grün
- Bleistift
- Schere und Cutter
- Glitterfarbe

Falten Sie das Tonpapier (10 x 22,5 cm) in der Mitte – bei Fotokarton sollten Sie die gestrichelte Linie mit dem Cutter leicht anritzen –, zeichnen Sie die Umrisse der Schablone nach und schneiden Sie die Bäume aus. Die Ränder können mit Glitterfarbe verziert werden

Tipp:
Diese Tannen können Sie, wie die Herz- und Sterngirlande (S. 21), an einen Wollfaden hängen.

Girlanden und Faltbänder

13. Herz- und Sterngirlande

Material
- Tonpapier in Weiß, Rot und Gelb
- Bleistift
- Schere
- Klebstoff
- Wollfaden

Falten Sie das gelbe Tonpapier (6 x 12 cm) in der Mitte und legen Sie die Sternschablone so auf das Papier, dass der Sternzacken mit der fehlenden Spitze (gestrichelte Linie) genau an der Faltkante des Tonpapiers liegt.
Den fertigen „Doppelstern" können Sie jetzt über einen gespannten Wollfaden hängen.
Die Herzen werden ebenso gearbeitet und zum Schluss mit weißen Herzen verziert.

14. Faltbänder

Material
- Tonpapier in beliebiger Farbe
- Bleistift
- Schere

Die Faltbänder können Sie entweder als Tischdekoration aufstellen oder mit Klebestreifen am Fenster befestigen.

Der Tonpapierstreifen sollte etwas höher als das Motiv sein. Falten Sie den Tonpapierstreifen in Motivbreite im Zickzack. Je mehr Faltungen, desto schwieriger ist das Ausschneiden, Sie sollten also erst einmal mit drei oder vier Faltungen anfangen.

Legen Sie nun die Schablone auf den gefalteten Papierstreifen – die Unterkante sollte mit der Schablone bündig sein – und schneiden Sie das Faltband aus.
(Abbildung Seite 22)

Weihnachtsbaum- und Geschenkanhänger

15. Herz- und Glockenanhänger

Material

- Fotokarton in Gelb und Rot
- Bleistift
- Schere
- Klebstoff
- Lochzange oder Stopfnadel
- Bindfaden
- Holzstäbchen oder Draht

Diese Weihnachtsdekoration ist auch ganz schnell gebastelt. Die Herzen und Glocken werden ausgeschnitten und mit Glitterfarbe verziert. Mit einer Lochzange (oder einer dicken Nadel) wird ein Loch eingezwickt und der Faden durchgezogen.

Wenn Sie einen Sticker basteln wollen, sollten Sie ein Holzstäbchen oder einen Draht zwischen zwei Herzen bzw. Glocken kleben.

16. Geschenkanhänger

Material
- Fotokarton in Weiß
- Tonpapier in Blau und Gelb
- Bleistift
- Schere und Cutter
- Klebstoff
- Lochzange
- Wollfaden

Die weiße Karte wird in der Mitte an der gestrichelten Linie leicht angeritzt und gefaltet. Bekleben Sie nun die Vorderseite mit dem blauen Tonpapier und den Sternen. Mit einer Lochzange wird in der oberen linken Ecke ein Loch gezwickt und ein Faden hindurchgezogen.

17. Stern-anhänger

Material

- Fotokarton in verschiedenen Farben
- Bleistift
- Schere und Cutter
- Klebstoff
- Lochzange
- Bindfaden

Schneiden Sie mit einer spitzen Schere oder einem Cutter den Stern aus dem Anhänger und verzieren Sie ihn durch Löcher mit der Lochzange.

Die mit einem Lochmuster verzierten Anhänger können Sie auch auf eine andersfarbige Fotokartonscheibe kleben.

18. Geschenkpapier

Material

- ✶Pack- oder Geschenkpapier
- ✶Bleistift
- ✶Kugelschreiber
- ✶Cutter
- ✶Klebstoff
- ✶Moosgummi, 1,5-2 mm
- ✶Holzklötze (z. B. von einer Dachlatte)
- ✶Wasserfarbe

Übertragen Sie die Umrisse der Schablonen mit dem Kugelschreiber auf das Moosgummi und schneiden Sie die Formen mit einem Cutter aus (mit der Schere werden die Konturen nicht so exakt).
Die ausgeschnittenen Formen werden mit Klebstoff auf kleine Holzklötze geklebt.
Anschließend werden die fertigen Stempel mit Wasserfarbe bepinselt. Verwenden Sie dafür wenig Wasser und machen Sie zuerst einige Stempelversuche, bevor Sie das Pack- oder Geschenkpapier bedrucken.

Hampelmann & Co

19. Hampelweihnachtsmann

Material
- Fotokarton in Rot und Weiß
- Musterklammern
- Watte
- Wackelaugen
- Bleistift
- Schere
- Lochzange
- Bindfaden und Holzperle

Zwicken Sie bereits in Ihre Schablone die vorgegebenen Löcher ein, damit Sie sie auf den Fotokarton übertragen können. Die schwarzen Punkte markieren die vier Löcher (sowohl im Rumpf als auch in Armen und Beinen), durch die die Musterklammern gesteckt werden; durch die weißen Löcher wird der Bindfaden gezogen.
Das Motiv wird nun auf den Fotokarton übertragen, Arme und Beine müssen zweimal angefertigt werden, die Löcher werden markiert und die Teile werden ausgeschnitten.
Zwicken Sie mit einer Lochzange die Löcher und kleben Sie Nase, Wackelaugen und Watte auf.
Befestigen Sie nun Arme und Beine mit Musterklammern am Rumpf und verbinden Sie jeweils die Arme bzw. die Beine durch einen Bindfaden miteinander. Die Beine sollten beim Zusammenbinden gerade nach unten hängen, die Arme schräg nach unten. Nun wird der senkrechte Zugfaden an die beiden quer verlaufenden Fäden geknüpft. Am Fadenende können Sie noch eine Holzperle anknoten und an der Mütze einen Faden zur Aufhängung befestigen.
(Abbildung Seite 28)

20. Hampelschneemann

Material
- Fotokarton in Weiß, Schwarz und Rot
- Musterklammern
- Watte
- Wackelaugen
- Bleistift
- Schere
- Lochzange
- Bindfaden und Holzperle

Zwicken Sie bereits in die Schablonen die Löcher mit einer Lochzange ein. Die schwarzen Punkte markieren die vier Löcher am Schneemannrumpf, an Armen und Beinen werden jeweils zwei Löcher benötigt: ein schwarzes, durch das die Musterklammer gesteckt wird, und ein weißes, an dem der Bindfaden angebunden wird.
Schneiden Sie die Arme und Beine zweimal aus und zwicken Sie die Löcher an allen Teilen mit der Lochzange ein. Anschließend wird der Schneemannhut, die Knöpfe und das Gesicht aufgeklebt.
Nun werden die Arme und Beine mit Musterklammern am Rumpf befestigt und jeweils die Arme bzw. die Beine durch Bindfaden miteinander verbunden. Die Arme sollten beim Zusammenbinden schräg nach unten hängen, die Beine gerade nach unten. Nun wird der senkrechte Zugfaden an die beiden quer verlaufenden Fäden geknüpft. Am Fadenende können Sie noch eine Holzperle anknoten und an der Mütze einen Faden zur Aufhängung befestigen.

21. Klammer-schnee-mann

Material
- ✶Fotokarton in Weiß, Rot und Schwarz
- ✶Holzwäscheklammer (4,5 cm lang)
- ✶Bleistift
- ✶Schere
- ✶Klebstoff
- ✶schwarzer Filzstift

Schneiden Sie den Schneemann einmal und den Hut zweimal aus und kleben Sie den Hut von vorne und von hinten auf den Schneemann.

Kleben Sie jetzt die Nase auf und malen Sie mit Filzstift das Gesicht und die Knöpfe.

Auf der Rückseite wird eine kleine Wäscheklammer mit Klebstoff befestigt.